ねこ耳少女の量子論

萌える最新物理学

竹内 薫【著】
藤井かおり【執筆協力】
松野時緒【漫画】

PHP

はじめに——量子がわかれば物理学なんて怖くない

二〇〇八年のノーベル物理学賞は日本人のトリプル受賞となり、マスコミでも大きな話題となった。南部陽一郎、小林誠、益川敏英《ますかわとしひで》の三氏の業績は「素粒子論」と紹介されることが多いが、素粒子はみんな「量子」である。いったいどーゆーことなのか？

たとえば「ヒト」はみんな「生物」だ。でも、猫や桜など、ヒトではない生物もたくさん存在する。素粒子と量子の関係もこれに似ている。素粒子はみんな量子だが、素粒子でない量子も存在する。

もっときちんと説明すると、パソコンやゴキブリやアサガオといった物質を細かくバラバラにしていくと分子になり、さらに分解すると原子になり、もっとしつこく分解すると、最終的に素粒子になる。素粒子は、もうそれ以上分解することができない（素粒子は電子の仲間とクォークの仲間に分かれ、全部で12種類ある）。

で、物質を小さく分解していく途中の分子あたりから「量子」と呼ばれるようになる。でも、まだあまり分解しないままの大きな物質でも、ものすごく温度を下げると「量子」になる。それどころか、われわれがふつうに目にしている「光」も量子の一種だったりする！（素粒子どうしは直接連絡がとれない仕組みになっていて、光を介して力が伝わる）

量子は、ふつうの粒子とはちがうから、ちゃんと数えたり、速さや位置を厳密に測ったりしようとしてもうまくいかない。素粒子も量子なのだから、やはり、数えたり、速さや位置を測ったりするのが難しい。

まあ、ひと言でいうならば、量子とは「素粒子の不思議なふるまい」のことなのだ。

日本人初のノーベル賞を受賞した故湯川秀樹博士の専門も素粒子論であり量子論であったし、日本人で二番目にノーベル賞を受賞した故朝永振一郎《ともながしんいちろう》博士も量子論が専門だった。その後も量子論は日本の「お家芸」であり続け、その成果は、エレクトロニクスを始めとした日本の産業のあらゆる分野に生かされている。

でも、量子は日常生活とはかけはなれているし、常識では理解しがたい現象が多いので、大学で専門的に物理学でもやらないかぎり、よくワカラナイ。

本書は、そんな敷居の高い量子の素顔を漫画仕立てにして、ひとりでも多くの一般読者に理解してもらえるように工夫してみた。

量子がわからなければ素粒子はわからない。量子がわからなければエレクトロニクスもわからない。逆に、量子の不思議さに少しでも慣れることができれば、もう物理学なんて怖くない。どうか肩の力を抜いて、ひたすら気楽に量子の世界を愉しんでください。

竹内薫・藤井かおり

ねこ耳少女の量子論　萌える最新物理学　もくじ

装丁　印牧真和

プロローグ

耳、とがってますけど!

ケーキを 二人で分ければ 二つのケーキ
三人なら 三つのケーキ
じゃあ 世界中のみんなで 分けたら？
教室
それよりも もっと多くの人数で 分けたとしたら
それはもはや ケーキとは別の 代物《しろもの》なんじゃ ないだろうか…？
オレは 高橋《たかはし》 勇希《ゆうき》
なにゆえに 健全な一般の 男子高校生が こんなことを 考えているか
あえて説明 せねばなるまい …！

どういうわけか
この数カ月間
オレは不幸少年の
看板を背負っている
愛車は大破
利き腕も
全治二カ月の骨折
骨折のおかげで
部活もレギュラー
から補欠に
家にいたらいたで
とっておいた
大福を親父に
くすねられる
そして
先週金曜日に
新たな惨劇が
起こった……
……?

!
畑山《はたけやま》さん…と黒田《くろだ》!?
こんな場所で二人きり…
ま…まさか…
くそっ…!
ここからじゃ何を話してるか聞こえないっ…
え……
え…!?
ちょ…おい…まさか…

リーンゴーン
リーンゴーン
あ
あああぁ
ぁぁ
ガラ
ガラ
ガラ
ずーん
う～
思い出したら
胃が…じゃなくて
胸がイタイ…
要《よう》は
現実逃避
もう忘れろっ
違うことを考えろ
そうだ……
ケーキをたくさんの
人で分けたら……
って話だ
どんどん小さく
刻んでくって
ことは……
最終的には
原子《げんし》になる
のか？
…あれ？
でも…

原子ってのは確か……
……だよな
真ん中と周りを回る何かがあるってことは
原子が最小ってわけじゃないのか？
じゃあ中性子《ちゅうせいし》？
わからん…
……し
え？
チリン

あのね
りょうし
なんだよ
は?
次は○○一丁目
○○一丁目…
お降りの
方は──
失恋して
一週間

こんな衝撃的な出逢い方をしたオレは
ザァ
パサッ
つまるところ謎の少女にときめいてしまい――
世に溢《あふ》れる少女漫画の主人公がカッコイイ男と出逢ったときに思うことと同じことを考えていた
つまり
これは運命の出逢いなんじゃないか
……と

第1章

量子は挙動不審です

ただいまー
お帰りなさーい
ケーキ買ってきてくれた？
ホレ ケーキ様のおなりだ
ははーっ
オレの分もちゃんと残しとけよ
はーい
…あの子のあの制服…
うちの生徒だよな…？
あした捜《さが》してみようかな

当然
そう簡単に見つかるわけない……よな
見たことない顔だったから違う学年だと思うんだけどな…
図書室
今日はもう帰ったとか…
あるいは今日は休みってコトも…
そうだとしたら今のオレってすっごいマヌケ？
よっと

オレ? オレ?
あ あのさ きのう…
これ見て
え… いやあの…
いや、オレどっちかってゆーと
本よりキミのプロフィールのほ
興味あるっていうかなんていうか
いや決してキミのハナシを
ききたくないわけじゃなくってそのあの
これがユウキ君の考えてた「モノの最小単位」のモデルでしょ?
原子核
陽子
中性子
電子
でもね電子《でんし》って本当は惑星みたいにぐるぐるしてるんじゃないんだって
…むしろ
なんでなまえ…

こんな感じ
…何…
コレ
核の周りに電子が飛び回ってるのはウソじゃないみたいだけど
その電子が今どこにいるかってことは「確率的にしかとらえられない」んだって
か…
かくりつ…てきに…しか？
この写真のぼんやりと白いところが「確率的」なところ
…あ
こっちの方がわかりやすいかな
量子としての電子
（電子雲）
原子核
ての電子
電子
原子核
…コレ
量子《りょうし》？
それ、きのうも言ってたよね

うん量子
モノの最小単位のこと
ちゃんと覚えててくれたんだね
嬉しいな
そりゃあの衝撃は忘れんわ
ここに書いてある電子もその仲間
それでね
量子は挙動不審だからどこにいるかを特定するのは難しいんだって
だからだいたいいつもこの辺りにいるけど…みたいな確率の高いところに色をつけたの
それがこの電子雲《でんしうん》のイラスト

だからみんなが知ってる太陽系みたいな原子のモデルってちょいごまかしなんだよね
…え
平たくいうとそんな感じ
じゃあオレら今までだまされてたのか…
だけど、ただ挙動不審ていわれても簡単に納得できないでしょ？
そりゃ…まぁ
だから簡単なモデルで納得させておくんだろうね
よけい混乱すると思うケド…
最初から教えておいてくれた方が色即是空《しきそくぜくう》っぽくていいのに…
色即…是空…？
うん

この世界はみんな量子でできてる
宇宙だって量子からできてるんだって
確率的にしかとらえられない──
そんなあやふやな世界に生きる
存在すら儚《はかな》い私たち…
ザァァ…

ちょっと素敵でしょ？
色《しき》は即《すなわ》ち是《これ》空《くう》にして…
みたいな!
ドキッ
ああ…
今日ずっと捜してもなかなか見つからなかった
でも…
やっと…やっと見つけたんだ
ねえ聞いてる？
はいっ聞いてます聞いてます!!

はじめに量子ありき

ビッグバンの「前」には「量子の宇宙」があった。つまり、宇宙の始まりそのものが「量子」だったのだ。目に見えないほど小さく、あるかないかもわからないほど不確定な状態から宇宙は始まった。ところで、量子って何なんだろう?

量子という言葉の意味

量子は「りょうし」と読む。もともとは英語の「quantum」(クワンタム)の翻訳語。そのココロは「一番小さな量の単位」。物理学では「子」は「小さい単位」を意味することが多い。たとえば「電子」は「小さな電気の単位」だし、陽子は「プラス(陽)の電荷をもった単位」だし、中性子は「電荷をもたない(中性の)単位」のことだ。

英語にはクオリティ(quality)とクオンティティ(quantity)という区別がある。前者は「質」を意味し、後者は「量」を意味する。クワンタムは、量を意味するquantityの「quant」にラテン語の名詞の単数を意味する語尾「um」がついたもので、一種の造語なのだ。

第2章

量子は『態度』なんだよね

ところでユウキくんって
失恋した？
は…はい？
だから最近失恋とかした？
言いたいのはね
たとえば誰かのことを好きだとするでしょ？
でその人が誰を好きで誰と付き合ってるとかって
本人に直接聞くかラブラブしてるところでも目撃しないとわからないでしょ？
ぐはっ

確認とか
観測とかしてみて
初めて
片想いなのか
両想いなのか
とかってわかるけど
それまでは
確率でしか
測れない
量子も
そんな感じ
なんだって…
…どうかした？
いや…
別に
まさかあの現場に
いたなんてこと
ないよな……
ね…ねぇ
ところでさ
なんでオレの名前
知ってんの？
そこまで有名
人のつもり
ないんだけど
んーとね

ナイショ
まあ知ったからといってどうなるわけでもないんですがね
でも私だけ知ってるのは不公平かな
あいりっていうの
あいり…ちゃん
ちゃん付けじゃなくてもいいのに
えっ
そっ…それって「呼びすてでいいよ♡」ってことか!?
出会ってまだ二日目だぞいきなりひとつハードルクリア!?

あのさ…
何年何組なの？
今は
ヒミツ
長官!!
これが彼女の
データです
なにぃ!!
名前しか
わからんかった
のか!!
結局
量子の話が
好きってこと
以外ナゾか…
いやっ
でも話せるだけ
いいよなっ
くうぅ
メモ
もう少し
仲良くなれば
デートだって
夢じゃないかも
しれん!!
グッ
ね…
ねぇ

量子ってどのくらい小さいの？
オレすっごい興味あるっ
目に見えないくらい
これより小さいよ
アバウトだね
ん～
っていうか量子は態度《たいど》なんだよね
…態度？
そうそう
ふるまい…とかいうらしいんだけどね
ふだん私たちが目にしてるものとはちょっと違う変な行動をするのが量子なんだって
いってるイミがよくわかりません

たとえば
粒なんだか
波なんだか
わかんないような
ことをするの
ガタッ
…ちょっと
待ってて
!!??
え!?
なっ
なんだ今の…
えっ
え
どこに…
あ…
あそこか…
物理

ごし
いま一瞬 消えたような 気がしたけど
気のせい… だよな
そもそも 人が消えるとか ありえないし
むしろ 気のせいで あってくれっ…
ただいま
これ見て
学校で習う 波の干渉実験ね
下から波が 来ましたー
壁に二つ穴が あいてまーす
その穴を 波が通ると 波は二つの方向から 出てきて ぶつかり合った場所の 波は強くなります
あ
それは 習った かも!

だから上の壁で
ぶつかった波の強さを
記録できるように
しておけば
こんな感じに
シマシマに
なるよね
波の強い場所と
弱い場所だよね
そうそう
…で
これがツブツブなはずの
電子でやった
同じような実験の結果
ん…？
ツブツブ…
だけどシマシマ？
ボキャブラリー
ねぇなオレ…
そーなの

電子って
ツブツブのイメージ
だよね
実際ツブツブ
らしいんだけど
その電子を
ひとつずつ
ポコーンポコーン
って二つの穴がある
壁に向かって
発射するの
奥の壁に
電子が当たると
白い点になって
跡が残るように
なってるのね
はっしゃー!!
最初はどっちかの穴を
通ったような感じに
パラパラと跡が
残るんだけど
すっごくたくさん
回数を重ねると
シマシマになるの
えと…
最初は
ツブツブだけど…
シマシマになる
…?
こんなに
シマシマに
なるってことは、
偉い学者さんに
よるとね——
〝一個の電子が
同時に両方の穴を
通り抜けてるって
ことだよ〟
なんだってさ
わかった
かな?

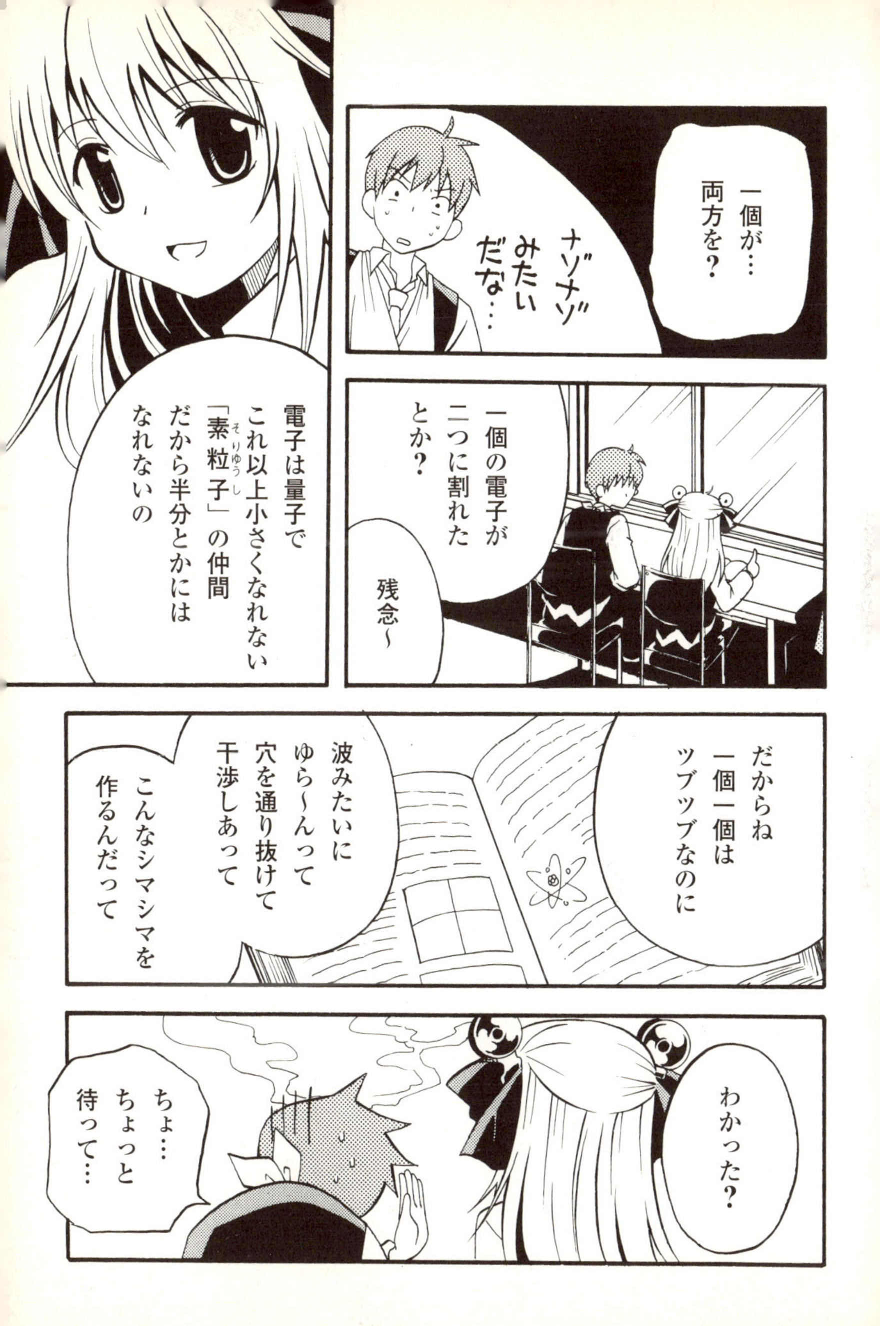
一個が…
両方を？
ナゾナゾみたいだな…
一個の電子が二つに割れたとか？
残念～
電子は量子でこれ以上小さくなれない「素粒子《そりゅうし》」の仲間だから半分とかにはなれないの
だからね一個一個はツブツブなのに
波みたいにゆら～んって穴を通り抜けて干渉しあって
こんなシマシマを作るんだって
わかった？
ちょ…ちょっと待って…

シュウウウ
ダメだ…この話はオレの理解の限界を超えつつある…
脳ミソが沸とうしそうだ…
チラ
やっぱ仲良くなりたいからって不純な動機で勉強はダメですか!?
くっ……!! あの笑顔のためならオレの脳ミソなんて!!
ちょっと変な感じでしょ?
え
オレの脳ミソが!?
電子の話……波っぽいのに粒っぽい

う…うん…
つまりね
量子って大きさとか名前とかじゃなくて
そのもののふるまい…態度で判断されちゃうの
…じゃあ小さいからって量子ってわけじゃないってことか
んー…
むしろ大きいからって量子じゃないとは限らない…ってのが正解かなぁ…

むー…
やっぱよく
わからん…
…
このままじゃ
今より仲良く
なんて本当に
なれるのか…
ねぇ
ユウキくん？
!!
ガタッ
ユウキくん
って
甘いもの
好き？
なっ
何!?
き…
嫌いじゃない
ケド…？
ハハハハ
ウソだよ
本当は
心の底から
愛してるよぉ～

あした土曜日じゃない?
ヒマ?
!
え…何だコレ…
ヒマ…だけど…
これっていわゆるもしかして
明日一緒にスイーツフォレストでケーキ食べない?
即答
何時にどこで待ち合わせる?
デートの約束キタ――――(゜∀゜)――――ッ

どこにでもある量子

量子が存在したのはビッグバン以前だけではない。宇宙の始まり以来、量子は常に宇宙とともに存在してきた。今でも、携帯電話のエレクトロニクスは量子だらけだし、われわれの身体をつくっている物質も細かくみれば量子からできている。

物質を分解すると分子からできていることがわかる。その分子を分解すると原子になる。原子は真ん中の「核」と周囲の「電子」からできている。電子はすでに量子の一種だ。核は、さらに分解できて、陽子と中性子になる。陽子と中性子はさらに分解できて、最終的にクォークになる。クォークは量子だ。それ以上分解できないような物質（電子やクォーク）を「素粒子」（elementary particle）と呼ぶ。

では、素粒子と量子は同じ意味かといえば、微妙にちがったりする。量子のほうが広い概念で、素粒子ではないような量子も存在するからだ。

たとえば、お祭りの風船に入っているヘリウムは、通常の温度では気体だが、温度を下げてゆくと液体になり、マイナス二七〇度以下で「超流動」と呼ばれる不思議な状態になる。それは純粋に「流れるだけ流れる状態」で、たとえば容器の壁を伝わってヘリウムが外にあふれたり、原子1個分の大きさのすきまに入り込んだり、ふつうの液体では考えられないようなふるまいをするのだ（ふつうの水は容器をはい上がらないし、水の分子より小さなすきまには入れない）。

低温で超流動状態になっているヘリウムは、全体として量子になっていると考えることができる。だから、量子は、必ずしも小さい必要はなく、大きくても温度が極端に低くなると量子になるといえる。

量子＝素粒子のように小さいか、超流動のヘリウムのように極低温で物質が示すふるまい

He

第3章

量子には個性がないのです

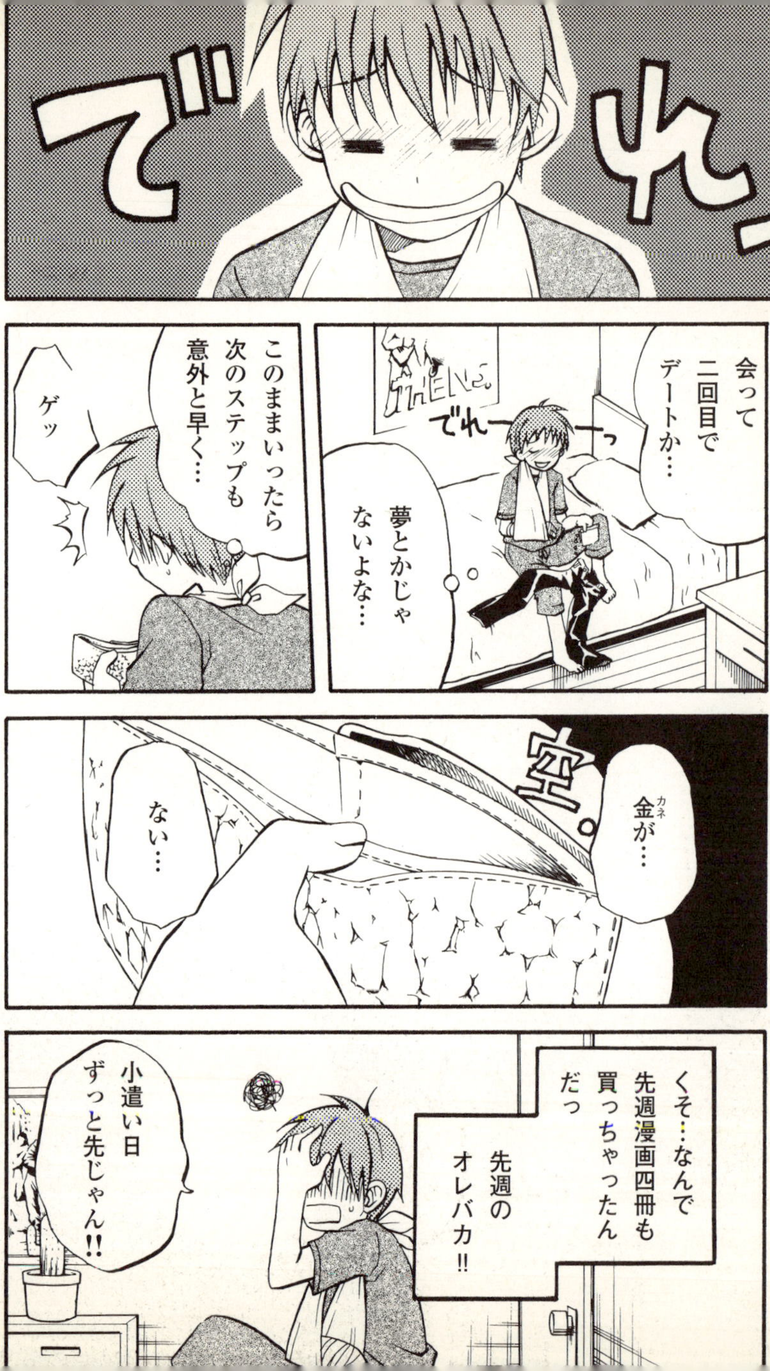
でれっ
会って
二回目で
デートか…
でれーーっ
夢とかじゃ
ないよな…
このままいったら
次のステップも
意外と早く…
ゲッ
金《カネ》が…
空。
ない…
くそ…なんで
先週漫画四冊も
買っちゃったん
だっ
先週の
オレバカ!!
小遣い日
ずっと先じゃん!!

オフクロっ
？どしたのユウくん
あのさ小遣い欲しいんだけど
……来週まで待てないの？
んー実は明日友達と出かけるんだ
前借りでいいからさ
…ふーん
スイーツフォレストに？

!×○□☠★△!?
まぁ～ユーくんもスミにおけないわねぇ
青春 青春
どこからか情報が漏れている…
!
PCのブラウザ履歴見やがったなっ!!
あらあらそんなこと言って…
お小遣いいらないのかしら
グッ
な…何が望みだ
ヌフフ簡単なことよ
スイーツフォレストに期間限定のモンブランがあってね～
……それを買ってこいと?

賢くなったわね ユーくん
あぁじゃあ オレの分も
あたしのも あたしのもー
もちろん お小遣いは はずむわよ！
この甘党 家族めっ
〜〜〜っ
期間限定 モンブランでしたな 奥方様がた
ハハーっ
フフフ 頼んだぞよ
ドキ
ドキ

チク
チク
待ち合わせの場所失敗したかな…
ジロジロ
視線がイタイ…
早く来てくれあいりちゃん…
ユウキくん
ユウキくんっ
ゴメン待たせちゃった?
ううん助かったよありがとう
?
にしても…
ゴスゴスロリロリ〜〜〜ファッション

反則的に似合ってて可愛いよ～っ
どこから行こうか？
ん…そーだな
ネットで調べたら美味しそうなミルフィーユがあったけど
そこなんてどう…かな
じゃあそこ行こう!!
ドキン
え
あっあいりちゃん
ほら早くっ
…ねぇユウキくん

あれ
ユウキくんって
左利きなの？
注文してから
言うのも
なんだけどね
え？
右だけど…
ミルフィーユ
って食べるの
大変じゃない？
ガーン
確かに
絶妙なバランスの
コイツを左手で
美しく食すのは
不可能に近い…
いや
100%
不可能だっ!!
も～
ユウキくん
食べ方
汚いよ
サイテー
ご…ごめん
…ってなことに
じゃあ
ちょっと
かしてね
えっ
あの…
あいりちゃん？
まさかまさか

はい
あ～ん
えええええ
えええっ
!!?
いっ…
いいのかこれはっ
ホラ
大きい口
あけて
まがりなりにも
これが初デート
なんですけどっ
ユウキ
く～ん？
…………
もしも～し

ねぇ
あいりちゃんってさ
難しいこと知ってるよね
量子の話とかさ
科学とか好きなの？
そだね…
科学がっていうよりは…
知らないことを知るのが好きって感じかな
じゅ～
ズゾゾ
知らないことを知るのが好き……？
知的好奇心の塊《かたまり》ってことか？
…変？
変じゃないよ
ただちょっと珍しいと思って
……

それって個性的ってことかな？
褒《ほ》められてる？
うん
オレはいいと思うよ
オレなんて名前はフツー
名字も全国で五位圏内のよくある名字だし
成績も見た目も良い方じゃないし
だからそういうのちょっと羨ましいかなぁって
ふーん
でもきのうの話の続きだけどね
量子って
個性がないんだよ

また量子？
え？
人間には個性とか違いがあるから区別できるけど
量子にはそういうのないの
毎度申し訳ないんだけど
…ゴメン…言ってるイミがいまひとつ理解できな…
ん〜…
あ…そだ
じゃあねぇユウキくん
問題でーす
どっちがブルーベリーでしょう？
え。

トンチじゃないよな
え…と
こっち
正解
ホッ
…じゃあ
どっちがさっきのブルーベリー？
えっ

えっと…
苺と違って見分けつかないよね
う…うんどっちもブルーベリーだし
うん私も見分けつかないかな
え…でもじゃあ今の問題の正解は？
量子も同じようなものなの
ん？
いま喩《たと》えたのはブルーベリーだから
よ～く見るとどこかに違いがあるけど

だけど量子には
ブルーベリーみたいに
違いがあるわけじゃ
ないの
違いがないから
見分けも
つかないし
区別も
できない
だから
量子には
個性がないの
むー
わかった？
…少しは…
わかったかな
コト
よかった

…まあ
どこにでもいる誰とも変わらない子って言われるより
個性的って言われた方がいいんだろうけど
…けど？
そうやって区別するから競争があるし
ねたみも
ひがみもある

…あいりちゃん？
ちょっと面倒だよね人間ってさ
!!
あいりちゃんその表情は反則だっ
思わずギュッってしたくなるよっ
なんかこう雨の中捨てられた仔猫みたいな寂しげな顔
ズギューン
ユウキくん？
水こぼしてるよ
おーい

量子がもつ三つの性質

量子には、物質がもっている基本中の基本の性質しか残っていないため、「硬い」とか「赤い」とかいうような形容詞で表すことはできない。

たとえば、二台の車が交差点で衝突したら、警察が来て現場検証を行うが、どちらの車がどっちの方向から来たのかは確定することができる。それは、車に個性があるからだ。たとえ同じ車種であったとしても、ナンバーが違うだろうし、細かな違いがあるので、区別することができる。

ところが、量子が交差点で衝突したとしたら、どちらがどっちから来たのかを確定することはできない。なぜなら、量子には個性がないからである。

実際、量子がもっているのは、次の三つの性質だけなのだ。

1　質量（重さのこと）

2　電荷

3　スピン（回転状態のこと）

光子は重さゼロで、電荷もゼロで、スピンは1。電子は重さ約0・00000000000000000000001グラムで、電荷がマイナス1で、スピンは1／2

などなど（電荷やスピンの単位についてはP207の各文献を参照のこと）。
二つの同種の量子を並べたら、もはや区別することはできない。量子はのっぺらぼうのような存在なのだ。
ちなみに、ブラックホールも同じように三つの性質しかもっていない。そのため、「ブラックホールには毛がない」という定理が存在する（冗談ではなしに、物理学用語として定着している！）。どうやら、量子とブラックホールは、すごく似ているらしい（最近の超ひも理論によれば、実際に量子は小さなブラックホールだとみなすことができる）。

こんな
顔かい？

第4章

量子テレポーテーション!?

!…
ユウキくん
私ちょっとお手洗い
行ってくるね
え…
あ
うん
ついでに
飲みものも注文して
くるけど
ユウキくんは
何かいる?
じゃあ
ホットカフェラテ
カフェラテね
ちょっと
待ってて
キョロ
キョロ
誰も
いない…よね
今のうちに…
イタタ…

…ふう…
ぽけーっ
はぁ～ 可愛い子と 休日デート
あ～ 今この時間が ずっと続けば いいのに
光の速さの中では 時間はゆっくりよ
!

おまたせ
聞かれてたっ!!?
光の速さの中ではって…？
ふふ
なんでもないよ
…あれ
あいりちゃんも
カフェラテ？
うん
私も
ホットカフェラテ
おそろい
でーす
あちっ
カワイイ
カワイイっ
おそろいでーす
って

そのカフェラテ
そのカフェラテと
このカフェラテは
世界の片隅で
ひっそり
絡み合ってるん
だよ
え
かっ
からみっ
ひろーい
テーブルの
そっちと
こっち
カフェラテたちは
離れているけど
実はすっごく
愛し合ってて
一心同体なの

…なんとなくわかる？
……
あいりちゃんが一生懸命説明してくれてるってことはわかりマス他はよくわかんないケド
一心同体だけど今はどうしても寄り添えない距離……
悲しい宿命だよね
えと…このカフェラテたちは遠距離恋愛中…ってこと？
うんそれでねなななんとっ!!
こっちから恋敵《ライバル》のお冷《ひ》やがやってきたのですっ
このお冷やは
愛し合ってるカフェラテたちの間に割りこもうとしたの

…ひどい奴…
だね
よくわかんないケード
コツン
そうなのっ
それでね
このお冷やはなんとっ
こっちのカフェラテに
キスをしちゃうのっ
キ…キス…！
もじもじ
キスされた
カフェラテはね
心が一瞬で冷えて
アイスに
なっちゃったの

じゃあ
ユウキくん
この広いテーブルの
そっちにある
この子と深く
愛し合っていた
〝その子〟は
どうなったと
思う?
え…
どうなった
って…
悲し…あっ
えと…
一心同体
だから…
私たち
いつも
一緒ね
うん
こいつも
アイスカフェラテ
になる…?
正解!

これが
量子テレポーテーションの簡単な原理
テ…
新しい単語がっ
テレポーテー…ション？
テレポーテーションってマンガとかにある「ワープ！」みたいなやつのこと？
スチャッ
ん～物がどこかに瞬間移動するのとは違うかな
このカフェラテには熱いとか冷たい以外にも特徴があるけど
もしホットとアイスっていう区別しかなくて…
それが密《ひそ》かにどこかでつながって絡み合っていたら
うわ～指、細～
ドキ
ドキ

そしたら
テレポーテーション
できちゃうの
とんでけー
小さい
あいりちゃん!?
……
う…… う～ん
この
カフェラテたちで
喩《たと》えるとね
ユウキくんが
そのカフェラテを
飲んでみて
初めて
私のカフェラテが
ホットなのか
アイスなのか
決まるの

つまり
片方の状態を
観測したら
その瞬間に
もう片方の
状態が
決まる
それが
量子
テレポーテーション
それは
か…
絡み合ってるから
できることなの?
うん
でも今は
お冷やみたいな
邪魔者がいないから
二人とも
ホットカフェラテ
カフェラテ同士が
つながってるとか
相変わらず
話が難し…
ハッ
ってことは
これは
遠回しにいうと
こういうこと!?
だって
つながってるしっ

量子と人の心の共通点

量子は遠隔地に転送することができる（テレポーテーション）。

量子はもともと、三つしか性質をもっていないので、その三つをなんらかの方法で遠隔地に送ってしまえば、それはテレポーテーションということになる。

テレポーテーションには、「からみあい」（entanglement）という現象をつかう。量子は互いにからみあうことができる。それは、まさに紐がからみあったようなイメージで、量子1と量子2がからみあっている場合、その二つを遠くに引き離しても、からみあいはなくならない。

たとえば、量子1と量子2が反対のスピンをもっている場合を考える。スピンの向きは独楽《コマ》の軸の上下であらわすことができるので、↑と↓としよう。からみあっていた量子1と量子2が、遠くに引き離された。量子1のスピンを測定したら↑だった。では、量子2のスピンは？

（答え：↓）

あたりまえのようだが、実は、測定前に量子1と量子2のスピンは確定していない。実に不思議なことだが、量子1のスピンは50％の確率で↓になることも可能だったのだ。

つまり、量子の状態というのは測定以前には存在しない。そもそも幽霊みたいな存在なので、「測定」という行為があって初めて、スピンの状態も確定する（測定前には「わからなかったが決まっていた」のではない。そもそも、単独で存在する「状態」なんてないのだ）。だから、量子1と量子2のどちらが↑でどちらが↓であるかは、測定によって生まれた状態であり、事前には「量子1と量子2のどちらかが↑でどちらかが↓である」ことしか決まっていないのだ。宝くじの抽せん前に当たりが決まっていないのと似ている。

測定装置を斜めにしたら、その斜めの線に沿って、片方が上向き（↗）でもう片方が下向き（↙）になる。測定装置によって、スピン状態が左右されてしまうのだ。

あらかじめ性質が決まっていないなんて理解しづらいかもしれないが、たとえば人間の心の状態を考えてみよう。他人との関係で心の状態はくるくる変わる。文学賞で、あらかじめ二人のうちの一人だけが賞をもらい、もう一人は落選するような状況では、事前に、二人のうちのどちらかがハッピーになり、もう一人は失意のどん底に突き落とされることがわかっているけれど、審査員が結果を発表するまでは、どっちがどうなるかは決まらない。量子の状態も同じようなものだと考えればいいのだ。

量子テレポーテーションの原理

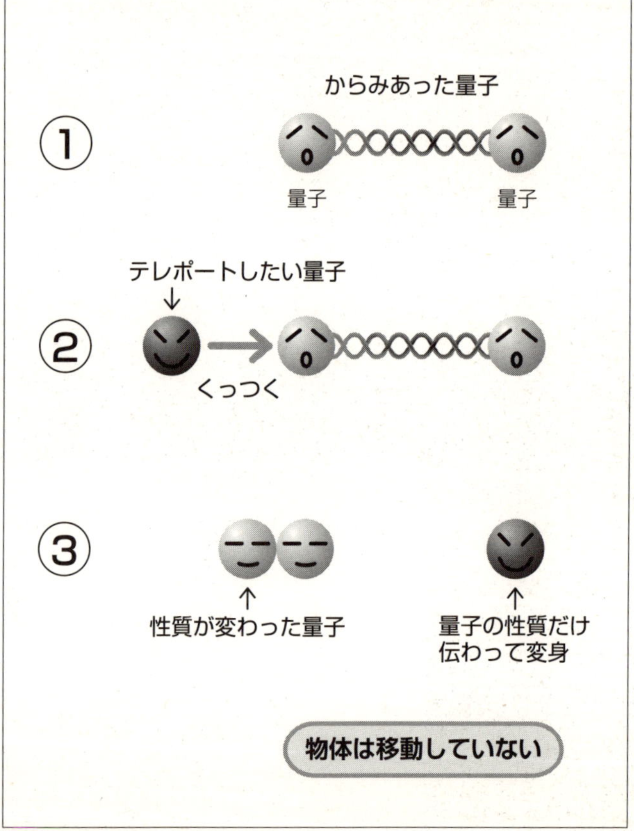

第5章

量子はデジタルな感じデス

ねぇ
ユウキくん
もう
おなか
いっぱい？
ん？
まだまだ
余裕だけど
さっきあっちに
おいしそうな
ケーキがあって
どうかな～って
思ったんだ
けど
よしっ
じゃあ
スイーツ攻略！
だっ!!
―それでさぁ

結局お袋たち
朝出るときまで
ず～っと
期間限定
忘れるなーって
うるさくてさ
フフフ
ユウキくんちって
仲良さそう
だね
そんなこと
ないよ
普通だよ
でも
家族の話してる
ユウキくんって
楽しそうだよ
楽しそうねぇ…
ケンカとか
多いし
ムカつくこと
もあるよ？
でも
ケンカするほど
…っていう
でしょ？
羨《うらや》ましいな

あいりちゃんは兄弟とかいないの？
…いないの
そ…そっか
……
1人っ子なんだな〜
…
やべーよやべーよマジでっ
なんかわかんないけど地雷っ
よりにもよって初デート♡でこんな沈黙って
彼女ずっといなかったオレでも
これが危機的状況って
そういえばユウキくん
ビクッ

限定スイーツ買うんだよね
行こっか
う…うん
ありがとうございました
…さっきからちょっと気になってたんだけど…

なんというか…
あいりちゃんの歩き方が
独特というか…不思議な感じがする
以前、図書館でも似たようなことがあったけど
間《あいだ》がない…っていうのかな
カクカクしてるっていうか…
歩いているのにスキップっぽいっていうか…
昔ノートや教科書に描いたパラパラマンガみたいな…
MORO
気になる？
え

私の歩き方
気になる？
あ…いや
えっと
不思議だな～と
思って
私の歩き方って
デジタル
っぽいんだよね
だからだと
思うよ
デジタル
…っぽい？
うん
895
それこそ
量子っぽい…
っていうのかな
ちょっと
来てっ
え

あ…あの
あいりちゃん
なんというか
さすがに
人気《ひとけ》が少ない
っていうか…
キョロ
普通だと…
え
普通だと
何かが変化
するときって
ずーっと
続いてるよね

今こうやって
歩いてる
ユウキくんは
この通路の
範囲なら
どこにでも足を
踏み出せる
う…うん
…でも
階段だと、どう？
ど…
どうって…？
パンツ
みえそう…

ホラ
こうやって一段一段に乗っかることはできるけど
どうがんばってもその間には立てないでしょ？
…たしかに中間に立てってって言われても無理だね
こういう飛び飛びな感じがデジタル
デジタル表示の時計とかでも
0と1はあるけど
その間の0.3とか0.8とかはないよね
私の歩き方も一緒で、間がない歩き方してるの
あ～…なるほど…
でもそんな歩き方するなんて器用というか…なんというか…
……ちなみに

量子のエネルギーはデジタルな感じなんだけど
それに世界で最初に気づいたのがマックス・プランクっていうドイツの学者さんなの
へ…へぇ
結局あいりちゃんのあの歩き方はクセってことなのかな…？
難しいこといわれたケド
あ
ごめんっユウキくん
えっなっ何!?
私そろそろ帰らないと…
エヘヘ…
あ…あああ～そうなんだいいよいいいよ大丈夫っ

ホント
ゴメンね
いいって
それにもう
夕方だしさ
ユウキくん
優しいね
気をつけて
帰ってね
ホラ…
暗くなると
危ないから
今日は
すっごく楽しかった
また来週
図書室でねっ

また来週か…
なんかいいなこういうの
ただいま～
ホラちゃんとケーキ買っ
って…
ドカッ
ダダダダダ
おかえりケーキちゃ～ん
…オレに言え

量子を発見した人々(1)

量子の存在に初めて気がついたのはマックス・プランクというドイツの物理学者だ。一九〇〇年のことである。彼は溶鉱炉の中の電磁波(＝光の仲間)の種類を研究していて、理論の式が実験と合わないことに気づき、式を修正しようとした。すると、電磁波のエネルギーが、それまで考えられていたように連続的に変化するのではなく、飛び飛びに変化しなくてはいけない、という結論に達した。光はアナログではなくデジタルの性質をもつようなのだ。

プランクが量子の存在に気づいたのは四二歳のときで、ノーベル賞をもらったのは六〇歳のときであった。晩年は不遇で、死の三年前には、次男のエルヴィンがヒトラー暗殺計画に連座して処刑されている。

その後、ナチスの崩壊とともに名誉は回復され、今では世界的な物理学研究所であるマックス・プランク研究所にその名をとどめる。

プランクの考え「どうやら溶鉱炉の中の電磁波のエネルギーはデジタルになっているらしい。理由は不明」

第6章

光は波でツブで量子です

量子（りょうし、quantum）は、1900年にマックス・プランクが発見・提唱した
最小単位。古典力学では考えられなかった不連続な量であり、物理量は
単位の整数倍をとることになる。量子を扱う自然科学の理論を量子論と総
量子の概念は、アルベルト・アインシュタインやニールス・ボーアらによって
続け、量子力学の建設へとつながった。量子の発見は、20世紀の物理学
に革命を起こした。
力学を基にして、それを手段として用いる物理学分野全般のことを、量子
Quantum physics）と言うことがある。これには物性物理学のほとんどの領
子物理学、核物理学など広範な分野が属する。また、工学的な応用研究
量子工学（Quantum engineering）と呼ぶ場合がある。材料関連、ナノテク
、電子デバイス、半導体、超伝導素材の応用研究など、広範な分野が属
…ムリ

だけど
まるっきりこれっぽっちもわかんなかったわけじゃなくて
図書室
オレらが学校で習ったのはニュートンの物理学で
えと…
アインシュタインが発見した相対性理論が
重力の理論で…
それで重力理論ってのがいまひとつわかんなくて
そうだね～ わかりづらいよね
何読んでるの
今月の新刊
実録！マンガ家の作業部屋

ニュートンの
物理学っていうのは
グリニッジ天文台
みたいなところが…
…
あ…
グリニッジ天文台は
地図の経度が0度の
所にある天文台でね
時刻の基準に
なってるところ
…で
その天文台
みたいなのが
宇宙のどこかに
あって
時間の流れも
刻み方も
絶対基準が
あって
15分は
どこでも誰でも
15分
空間も
碁盤の目みたいに
きっちりしてる
ってことになってる
…ってことに
なってる…
って…
どういうこと？

アインシュタインの相対性理論はねそれと逆のことをいっててね
絶対基準の時計なんてないし
空間は重たいものが乗っかると歪む
っていう理論なんだって
たとえば光に近い速さで飛ぶロケットで宇宙旅行に行って
一年経って地球に連絡してみたら
地球の方では何万年も連絡を待ってた…ってことになるみたいよ
じゃあ空間が歪むってのは？
ん～PC見ながら説明しよっかな
!!

？どうかした？
…あれ
あれ？
PC？
ゴキブリでもいたのかな…？

ホラ
大丈夫
何もないよ
ユウキくん…
うんっ
…これ？
カタ
カタ

そう
これが空間が
歪んでるカンジの
図解
この真ん中の
丸いのは？
たとえば
大きい星とか
かな
ちょうど
網戸にボールを
置いたような
感じ
…あぁ
あぁいう
感じね
…と
いうわけで

ニュートンは
リンゴが木から
落ちる世界の
物理学を
そうすると
アインシュタインは
光の速さとか
空間の歪みとかの
大きくて重い世界の
物理学を
それぞれ
教えてくれてるの
残りは？
え…
の…
残り？
リンゴみたいな
普通のサイズと
宇宙みたいな
大きいサイズ
この二つは
OKでしょ？
あ

じゃあ…
小さいのか
あったり～
いやそこまでヒントあれば…
すんごくすんごく目に見えないくらいちっちゃな世界のことを説明してくれるのが
量子論なんだって
あなるほどそうなんだ
ユウキくん
量子がツブツブなのに波みたいなことする話覚えてる？
電子を一個ずつ壁にあてるっていう話？

そうそう
…で光って「波長」とかいうじゃない？
波長…って
赤外線とか紫外線とかのやつ？
そうそれ
だから光は波だってずっといわれてたんだけど
光っていうのはツブツブでもあるし
波っぽいけどツブで量子なんだよ

…で それを 言いだした のが
あの アインシュタイン だったんだって
え
アインシュタインって 量子論の人 だったの?
有名なのは 相対性理論 だけど
最初のノーベル賞は 「光の量子論」 っていう論文で もらったんだって
物理I
物理II

まぁ量子論そのものっていうよりは
その足がかりを作った人って感じなんだろうけ…
パクパク
あいりちゃん…もしかして
……
魚が苦手なの？

量子を発見した人々(2)

次に登場するのがアルバート・アインシュタイン。彼はプランクの式の意味を考えていて、「光には最小単位があるのではないか」と考え、それを「光子《こうし》」と名付けた。それはいまだ仮説の段階だったので、アインシュタインは「光量子仮説」として論文を発表。のちにこの業績が認められて一九二一年度のノーベル物理学賞を受賞することになる。

アインシュタインの考え「光は波でもあるが、つぶつぶの粒子でもある。それを光子を呼ぼう」

その後、フランス貴族のルイ・ドゥ・ブロイは、アインシュタインとは逆に、それまで粒子だと思われていた電子のような物質にも波の性質があることを主張。物質波の概念を世に問う。

ドゥ・ブロイの考え「いやいや、逆もまた真なり。電子にも波の性質はあるにちがいない」

こうやって量子は徐々にその姿を人類の前にさらすようになってきた。そうこうしているうちに、ヴェルナー・ハイゼンベルクとエルヴィン・シュレディンガーの二人が、量子のふるまいを記述する方程式を発見し、量子を研究する学問は「量子力学」と名付けられることになった。

量子のからみあい

量子の「からみあい」もしくは「もつれあい」とは具体的に何を意味するのだろう？
これは数式を使って理解する以外にない。
からみあっていない二つの量子の状態としては、たとえば、

$$|\updownarrow\rangle_1|\updownarrow\rangle_2$$

がある。縦の矢印は、たとえば光子の場合なら「縦偏光」を意味する。添え字の1と2は二つの量子を区別している。この状態は、

$$|\updownarrow\rangle_1 \times |\updownarrow\rangle_2$$

という、光子1の状態と光子2の状態のかけ算、いいかえると因数分解することが可能だ。それが「からまっていない」ということの意味なのだ。同様に、

$$|\leftrightarrow\rangle_1|\leftrightarrow\rangle_2 - |\leftrightarrow\rangle_1|\updownarrow\rangle_2 + |\updownarrow\rangle_1|\leftrightarrow\rangle_2 - |\updownarrow\rangle_1|\updownarrow\rangle_2$$

という状態も、

$$\left(|\leftrightarrow\rangle_1 + |\updownarrow\rangle_1\right) \times \left(|\leftrightarrow\rangle_2 - |\updownarrow\rangle_2\right)$$

と光子1と光子2の状態に因数分解できるから、ほどけてしまう。だが、たとえば、

$$|\leftrightarrow\rangle_1|\updownarrow\rangle_2 - |\updownarrow\rangle_1|\leftrightarrow\rangle_2$$

という状態は、(光子1の状態)×(光子2の状態)という形に因数分解することはできない(ウソだと思うならやってみてほしい)。

各々の量子の状態に因数分解できないことが「からみあい」の数学的な意味なのである。

第7章

超ひも理論ってなんですか？

カチカチ
こほん
あいりちゃんにも苦手なものあったんだね
そりゃあそうだよ～
ずっと量子の話ししてこなかったから
こういうネタってなんか新鮮だなぁ…
だってあの目とかテカテカした体とか気持ち悪いでしょ？
オレは嫌いじゃないからわかんないけど
じゃあ魚の形がダメってこと？
うんっ作りものもダメっ

なんつーか
困り顔のあいりちゃんって
………
これまた反則的にカワイイんですけど
?
ビクン
おっ そうそう
さっきのアインシュタインの話の続きだけどね
え?
ホラ 量子論の足がかりを作ったって話
な ああ

アインシュタインは波っぽいものが実はツブツブなんだっていう論文を出したんだけどその逆のことを言った人がいるの
逆って?
電子はツブツブだって思われてたんだけど実は波っぽいこともやるんだ~って
…それってあの穴を通す実験の?
うん それがフランスの学者のルイ・ドゥ・ブロイ
実際に電子を穴に通す実験をしたわけじゃないんだけどね
え
じゃあどうやって電子が波みたいとかわかったんだろ?

ん～…
たぶんだけど
頭の中で
考えてたんだと
思う
え…
考えてた
…だけ？
よく言えば
思考実験
悪く言えば
ただの妄想
妄想って…
そして1929年に「電子の
ノーベル物理学賞を受賞
1962年にアンリ・ポアン
1987年にパリで死去した
でもこの人
その妄想で
ノーベル賞
とってるんだよ
ホラコレ
えっ
うわっ
本当だっ
ノーベル賞って
そんなんでも
とれるの!?
それならオレ
毎日のように
ノーベル賞級の
妄想してるよっ
そりゃあもう
色々とっ!!

ルイさんが
思考実験…
っていえば
ルイさんには
モーリスっていう
同じ物理学者の
お兄さんがいてね
インテリ
兄弟
兄弟そろって
学者…
そういう
血筋なの
かな…
あ
でも
アプローチ方法は
少し違った
みたいで
モーリスさんは
実験物理学
ルイさんは
理論物理学
だったみたい
それって…
具体的に
どう違うの？
ん～…
私もよく
知らないけど
でも

きっと片方は実験室にひきこもって毎日実験ざんまいで
もう片方は口開けて妄想してたんだよ
にゃふふ
…あいりちゃんそれ結構ヒドい…
でも普通の感覚だったらあるモノはツブで波で～なんてさ
考えないし思いつかないじゃない？
だからやっぱり普通じゃないことしてたと思うんだよね
………
…その理屈だと…
あいりちゃんも普通じゃないってことになるんだけど…
そういう人たちって今ひとつ理解できないよねえ～

そんな人たちは最近じゃ
波でツブの量子は何からできてるか
なんて話をしてるみたいよ
え。
ちょっと待ってっ
量子ってそれ以上小さくならない一番小さいヤツじゃ…
そのはずだったんだけどね
「超ひも理論」ってのが出てきたの
ちょーひも…？
ちょーひも～
女子みたいな…

この理論だと世界は二種類のひもでできてて…
こんな感じの
振動する開いたひも
振動する閉じたひも
二種類の超弦《ひも》
ミミズと
輪ゴム…？
そう見えるよね～
これがず～っとうねうね動いてるんだって
うね
うね
うね
うね
うね
うね
ラーコ

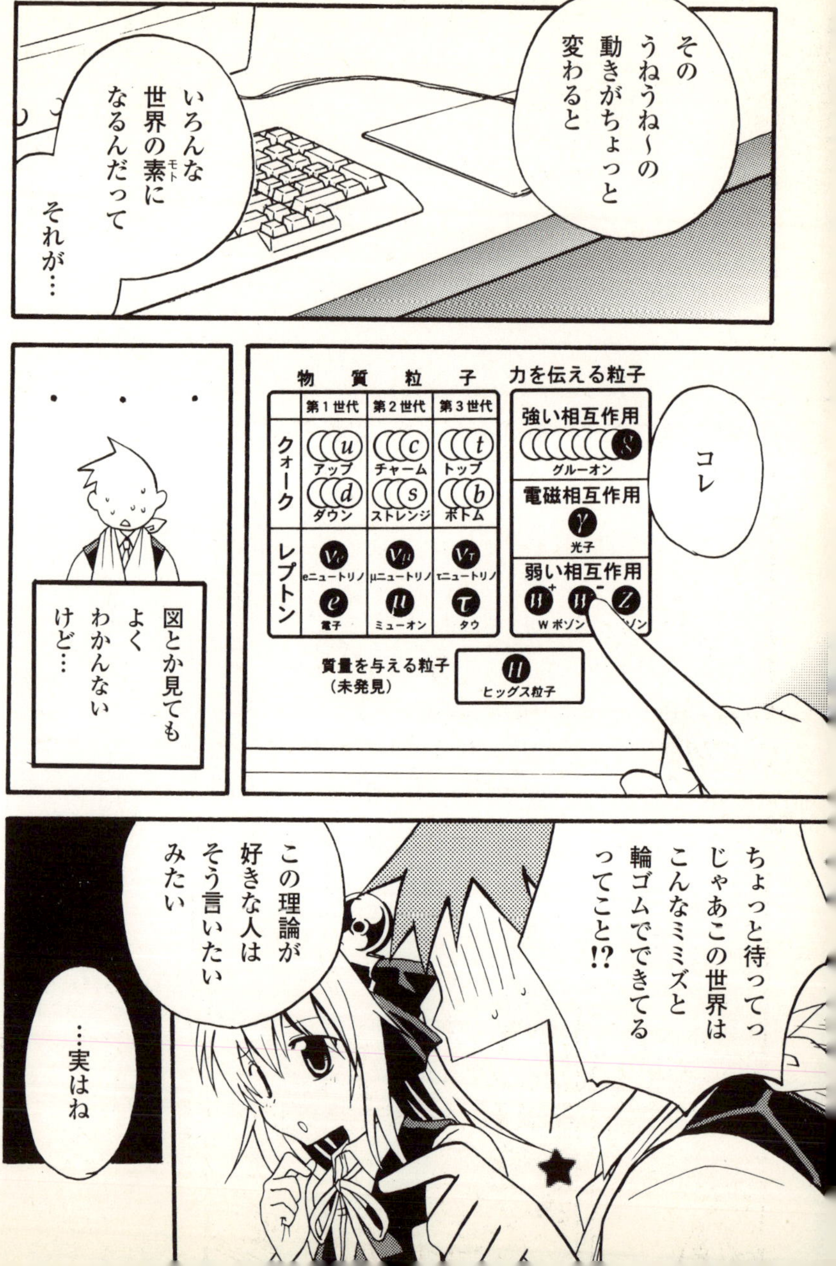
そのうねうね～の動きがちょっと変わると
いろんな世界の素《モト》になるんだって
それが…
コレ
物質粒子
力を伝える粒子
第1世代
第2世代
第3世代
クォーク
u アップ
c チャーム
t トップ
d ダウン
s ストレンジ
b ボトム
レプトン
eニュートリノ
μニュートリノ
τニュートリノ
e 電子
μ ミューオン
τ タウ
強い相互作用
g グルーオン
電磁相互作用
γ 光子
弱い相互作用
W ボゾン
質量を与える粒子
（未発見）
H ヒッグス粒子
・・・
図とか見てもよくわかんないけど…
ちょっと待ってっじゃあこの世界はこんなミミズと輪ゴムでできてるってこと!?
この理論が好きな人はそう言いたいみたい
…実はね

すごく大きいものを説明してるアインシュタインの理論と
目に見えないくらい小さいものを説明してる量子論って
仲がすごく悪いの
…なんで？
何かあったの？
はばっ…みたいな？
カチ カチ
ん～何かあったっていうわけじゃないんだけど
二つの理論ってサイズが違うだけでものの構造とか性質の説明をしてるのに変わりはないでしょ？
う…うん
よくはわかんないけど…

それなのに折り合いがつかないの
大きい方の理論じゃ小さいものの説明ができない
同じように小さい方の理論じゃ大きいものの説明ができない
変でしょ？
確かに…
サイズが変わっただけで矛盾するってのは……

だから世界中の物理学者が
二つの理論を矛盾させないための
新しい理論を探してる
そこでさっきの「ちょーひも」ってわけか
ちょ～ひもっぽくないまじでぇ～
そういうこと
今一番の有力候補らしいよ
ふ～む…。さらにややこしく…。
あなたたち

あ
伊藤《いとう》センセ
ごめんね もうそろそろ 図書室 閉めたいんだ けど…
あ～
じゃあ 帰ろっか
それじゃ ユウキくん
また明日ね
あ…あのさ あいりちゃん
これから ネットカフェ 行かない？
その… もう少し 話したいって いうか…
ダメなら いいんだけど…

ホント!?
嬉しいっ
行こう!
あいりちゃんの新しい一面が見られたり
学校帰りにデートしたり
今日のオレってメチャクチャついてるっ
……
大丈夫…?
ちょ!
ヒモでこけるって
うける~
マジで~

量子と重力

最近話題の「超ひも理論」は、量子と重力を融合させる試みだ。なぜ、そんなことが必要なのか。それは、量子の理論と重力の理論が、現代物理学の二大基礎理論になっているからだ。この二つが別々で互いに矛盾するようでは困る。だから、世界中の物理学者が血《ち》眼《まなこ》になって、量子と重力を「統一」する理論の研究を続けている。

その最有力候補が超ひも理論なのだ（他にループ量子重力理論やツイスター理論など、実は、たくさんの試みがある）。超ひも理論には、ひもの他にブレーン（＝膜）と呼ばれる状態が存在する。膜といっても二次元の布のような膜もあれば、ひもと区別がつかないような一次元の膜もあり、3次元やもっと高次元の膜も存在する（そんなの「膜」じゃないよ！と言うなかれ。物理や数学ではふつうに言葉の一般化が行われるのだ）。

そもそも、現在の素粒子は、あまりに種類が多すぎて、あまり「素」ではない。たとえば、物質をつくっているクォークとレプトンが、それぞれ六種類もある。

ある物理学者は、「こんなにたくさん、いったい誰が注文したんだ！」と怒りをあらわにしたと伝えられるが、クォークはみんな似ているし、電子とミューオンとタウも瓜二つ（瓜三つ？）である。自然は無駄をしないはずなのに、なぜ、このように冗長とも思われ

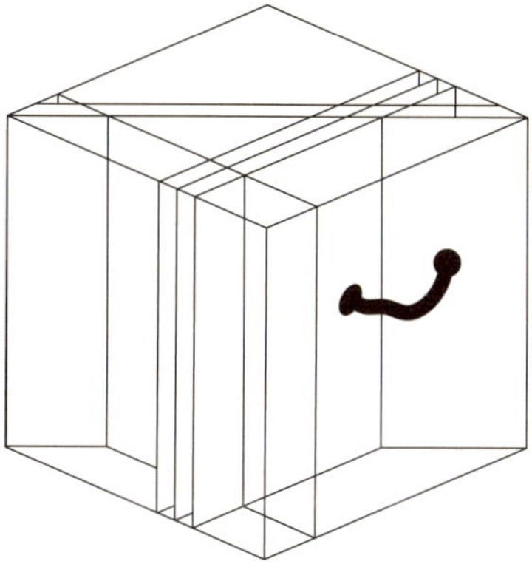

交叉するブレーンを蝶番のようにつなぐ「超ひも」

る素粒子のくりかえしがあるのだろう。ちなみに「クォーク」は原子核をつくる重い素粒子で、『フィネガンズ・ウエイク』という文学書の中で鳥が三回鳴く場面から採《と》られたのだとか（三世代あるかららしい。「レプトン」は「軽い粒子」という意味である）。

超ひも理論の枠組みでは、こういった素粒子は、交叉するブレーンを蝶番《ちょうつがい》みたいにつなぐ超ひもとして記述される。

たくさんある素粒子が超ひもとブレーンだけで説明できるのだから、便利だし気持ちがいい。

ただし、超ひも理論が本当に正しいのかどうか、まだ実験的な検証は行われていない。

（二〇〇八年十一月現在）

はい
今月の生活費、
ありがとー。
超ヒモ理論!?

第8章

量子の天気予報

…しくじった
いや別に二人きりになれる時間が増えたのは嬉しい限りだ
天にも昇るってやつだ
かといってネットカフェなんぞという密室で
いかがわしいことしちゃえ～
あいりちゃん
ダメよ人がみてるわ
なんてこれっぽっちしか考えてなかった
〝しか〟かよっとかツッこむな
オレも一応健全な男子なんだっ
…しかし…

この静かすぎる空間で
イチャイチャおしゃべりは…ないな
なんのためにネットカフェに来たんだか…
コツ
コツ
ただいま
おかえり

MS ゴシック
10
日本
1 2 3 4 5 6 7
大きな声出せないから
これでおしゃべりしよ(^∀^)
コク
コク
そういえばなんで
さっき超ひも理論の
話になったん
だっけ(・◇・)?
粒なのに波で～
ってのが変だって
話じゃないかな
そうそう！
ありがと(´∀`*)

そういうわけで
量子ってただでさえ
変なのに
もっとすごいこと
言い出しちゃった人がいて
大変だったの(>△<;)
すごいことって?
量子はどんな感じで
動いてるのかを
観察しようとすると
どこにいるか
わからなくなって
どこにいるかを
観察しようとすると
どんな風に
動いてるかわかんなく
なっちゃうの
…コレ
…日本語?

ドイツのハイゼンベルク
っていう学者さんが
そう言い出して
そんなわけわかんないことで
ノーベル賞いただきー＼(°∀°)／
マジで!?
いいのソレっ
しーっ
あ。
マジで〜す(^ω^)
つまり
量子は動きか場所の
どっちかしか
わかんないってこと?
そうそう(・ε・)b
ってゆうか…
えっと

モヤモヤっぽいのかな
…もやもや？
ドライアイスの煙みたいな感じ
ドライアイス…
たとえば今ユウキくんが画面を見てて
うしろには私が座ってる
でも
ユウキくんが見てないとき

実は私は
ドライアイスの煙みたいに
モヤモヤの状態なの
…あいりちゃんが?
モヤモヤなのは
ユウキくんが
見てないときだけね
ユウキくんが
振り向くまでは
私は煙みたいに
つかみどころがなくて
あやふやで
消えちゃいそうな
存在なの

でもね
ユウキくんが振り向いて私がここにいるかどうか確認した瞬間
私があやふやで不確かな存在じゃなくなる
ただ振り向いたときに私がいるかどうかは100%じゃないの
もしかしたらいないかもしれない
違う女の子が座ってるかもしれない

私が私でいるってことは確率的なことでしかなくて
全ての存在はゆらゆらと揺らいでる陽炎みたいなものでしかないんだって
…そんな…
ゆらゆらとして存在があやふやなんて…
振り向いたらいないかもなんて…

それじゃあオレがちょっと目をそらしたら
キミはいなくなっちゃうの？
モヤモヤした煙みたいに
スゥーっと消えちゃうの？
喩え話だってわかってる…
あいりちゃんがいきなりオレの前から消えるなんてありえない
わかってるけど…
…でも
本当にいなくなっちゃったら
振り向いたそこにあいりちゃんがいなかったら…
オレは…

カタ
カタ
……

だけど
こんな
あやふやな話なんて
ありえないでしょ？
ありえて
ほしくない
アインシュタイン
もそう思ったし
量子の学問の中で
とっても重要な
方程式を考えた
シュレディンガーも
「変だ！　おかしい!!」
って騒いだの
へぇ…

えっと…
これがシュレディンガーが発見した方程式
…これ
$i\hbar \frac{\partial}{\partial t}\psi = H\psi$
…何に使うの…？
オレ数学みたいな数字のられつってちょっと…
んと…ざっくり言うと
量子の天気予報

て…
天気予報？
それってつまり
量子ちゃんの
天気予報
みたいな？
量子がどこで
何をしてるか計算する
方程式なんだけど
計算する相手が
ゆらゆら～ってしてる
量子だから100%
あてられないの
ホラ
朝ニュースで
曇り時々雨
降水確率40%
っていわれると
学校に傘
持っていくか
迷うでしょ？
あんなのよ
確かに
帰りに降るかも～
って思うよな……
確かだった…
あれ
40%
ような

でもねっ
いっ
人の考えを「変だっ」って言ったアインシュタインもシュレディンガーも
実はすっごい女癖の悪い男だったの！
近い そして突然何!?
あんたたちも変よっ!! みたいなっ
あ…あいりちゃん静かにっ
どうどう
アインシュタインは彼女妊娠させて退学させた挙句《あげく》その後は浮気しまくりだし
それ以前からってウワサもっっ

最初っから責任とる気がないならやるなって話よねっ
あいりちゃんなんでこんなテンションにっ

シュレディンガーなんか
さっきの方程式
たしか浮気相手の部屋で
書いたんだよ
サイテーだよねっ(`皿´)
ハハ…

エッチでバカな男は去勢しちゃえばいいのにΨ(`∀´)Ψ

すみませんあいりさん…
オレ去勢されちゃいますか…（汗）

あいりちゃんにバッシングされまくっているシュレディンガーさん。

シュレディンガー

喧嘩を始めた物理学者たち

当時、肝心の量子が「何」であるかについては、さまざまな解釈が横行し、物理学者の間でも意見の一致はみられなかった。

かくして物理学者たちは、二派に分かれて論争を繰り広げることとなった。

アインシュタイン派＝アインシュタイン、シュレディンガー

ボーア派＝ニールス・ボーア、ハイゼンベルク、マックス・ボルン

ボーア派の急先鋒、ニールス・ボーアさん。

ボーア

ボーアはデンマークのコペンハーゲンに住んでいて、ニールス・ボーア研究所が研究の中心となったため、この後者を「コペンハーゲン学派」とも呼ぶ。

ややこしい量子の話に「確率」という解釈を持ち込んだマックス・ボルンさん。

ボルン

アインシュタイン派とボーア派の主張の差は、量子が「実在するか」それとも「確率的なものか」という点にあった。

アインシュタイン派の考え「物質をバラバラにしたら、確率的な予言しかできなくなるなんて、そんな幽霊みたいなことがおきるわけがない。方程式が未完成なだけじゃないのか」

ボーア派の考え「いえいえ、量子というやつは、これまでの人類の発想ではとらえられない不思議な連中なのです。ニュートンの時代のように、宇宙のすべてが機械的に計算できる世は終わりました。これからは確率的な予測しかできない世の中になるのです」

波であるからには、量子は同時に同じ場所にあることが可能であり、また同時に別の場所にあることも可能なのだ（海の波はどこか一カ所にあるのではなく、拡がっている！）。たとえば量子の一種である電子は、「50％の確率で東京にあり、50％の確率で大阪にある」ことが可能だ。あるいは、目の前の量子が「一個である確率は50％で、二個である確率は30％で、三個である確率は20％」というようなこともありうる。どこにいるかわからない、あるいは、いくつあるかわからない、というような性質を「不確定性」と呼ぶ。

アインシュタインとシュレディンガーは、ともに「神様はサイコロなど振らない」と主張して、ボーアやハイゼンベルクらの確率の考えに真っ向から反対した。偶然だろうが、アインシュタインもシュレディンガーも女好きだったことで有名だ。アインシュタインは年下も年上もオーケーだったようだが、シュレディンガーは年下の女性を好んだ。また、ともにドイツで研究していたわけだが、ナチスの台頭とともに二人とも海外に脱出している（対照的にハイゼンベルクはドイツに残って悲惨なことになった。戦時中は原子炉を開発していたが、戦後、ナチスに加担した、と非難される始末）。

確率が嫌いで、女好きで、いざというときには国外脱出。なんとなく、性格が出ていて面白い。

シュレディンガー方程式

さて、あいりちゃんにさんざんこき下ろされてしまったシュレディンガーであるが、彼は20世紀で最も重要な方程式のひとつを考え出している。

かの有名な「シュレディンガー方程式」である。次のページで簡単に説明しておこう。

時間微分「ディーディーティー」　ハミルトニアン

虚数単位「アイ」→ $i\hbar\frac{\partial}{\partial t}\psi = H\psi$

ディラック定数「エイチバー」　波動関数「プサイ」

虚数iは2乗すると-1になる数。

ディラック定数$\hbar$はプランク定数hを2πで割ったもの。

ハミルトニアンとは、運動エネルギーとポテンシャルエネルギー（位置エネルギー）の和のこと。

量子力学では状態を表すのに波動関数と呼ばれるものを使う。これは時間tと位置xの関数で、ψ（x，t）と書かれる。

量子力学の世界では物質も一種の波だと考えるので、「波動」という言葉を用いるのだ。

量子力学的な現象のほとんどは、この方程式によって説明することができるため、現在に至ってもきわめて重要な方程式だということができる。

第9章

シュレディンガーはヒドイです

ねぇ
ユウキくん
…ん？
ユウキくんって
犬派？
猫派？
え
なに突然？
どっちの方が
好き？
ん～…
どっちも
好きだけど
猫…かな
飼ってたことも
あるし
！

ネコ飼ってたんだ？
うん 一年ぐらい前までね
そっか～
……？
それ聞いて何かあるの？
え？ あ……う～ん
あ！ もうこんな時間
そろそろ帰らなきゃ
あ… 本当だ
じゃあ今日は帰ろっか
ねぇ あいりちゃん

あいりちゃん
あしたスタート
何時？
？　スタート？
何が？
マラソン大会
プリント
もらってない？
オレはこの腕だから
見学組なんだ
けどさ——
ラソン大会
スタート
11:00
ん～……
私は
行かないかな
え
それって…
まさか

私も走らないから
サボっちゃおうと思って
サボっちゃお
サボっちゃお～
サボっちゃお～
パタタ
パタタ
サボっちまえよお前も
ダメだよもしバレたりしたら…
バレなきゃいいんだよバレなきゃ
それに

次のステップに行けるかも…だぜ？
──じゃああさってまた図書室でね
あ…あのさ…
あした…
ドキ
あしたサボるなら…
ドキーン
いけ
どっか遊びに行こうよっ
いったー
いったーっ
オ…オレと

ん――
絶好のサボリ日和ね
うん
雨だったら普通授業だったろうしね
それにしても
本当に公園でよかったの？
うん
こういうトコでのんびりしたかったんだ

そっか ならいいんだ
あ…… そういやさ
シュレディンガーの猫っていう有名な実験があるんだね
ホラ きのう猫派か犬派かって聞いたじゃん？
量子の話と関係あるのかなと思ってネットで調べてさ
……うん
ヒットしたやつ何個か見たんだけど さっぱりで…
あの思考実験はね ヒドイの

実験のたびに頭の中だけっていっても
何度も何度も殺されちゃう…
本当にやらなきゃ何してもいいんだったらR指定とか世の中にいらないじゃないっ
そ…そうだね…
猫だってたまんないよね……
あのさ…その実験ってさ
猫は生きてるの？それとも…
あれは…
半々なの
半々って…生きるか死ぬかの確率が？
そうともいえるけど…

あの猫は
生きてて
死んでるの
半々だし
両方

ん～…
うまく
言えないなぁ…
あの話は
量子を猫に
喩えてるでしょ？

箱を開けて
確認するまでは
猫が生きてるのか
死んでるのか
わからない

量子論っぽく
いうと…
「状態が決まらない」
って感じ
えっと…
確かめるまでは
どっちでもなくて
確かめた瞬間
どっちか決まる
ってこと？
そうそうっ！

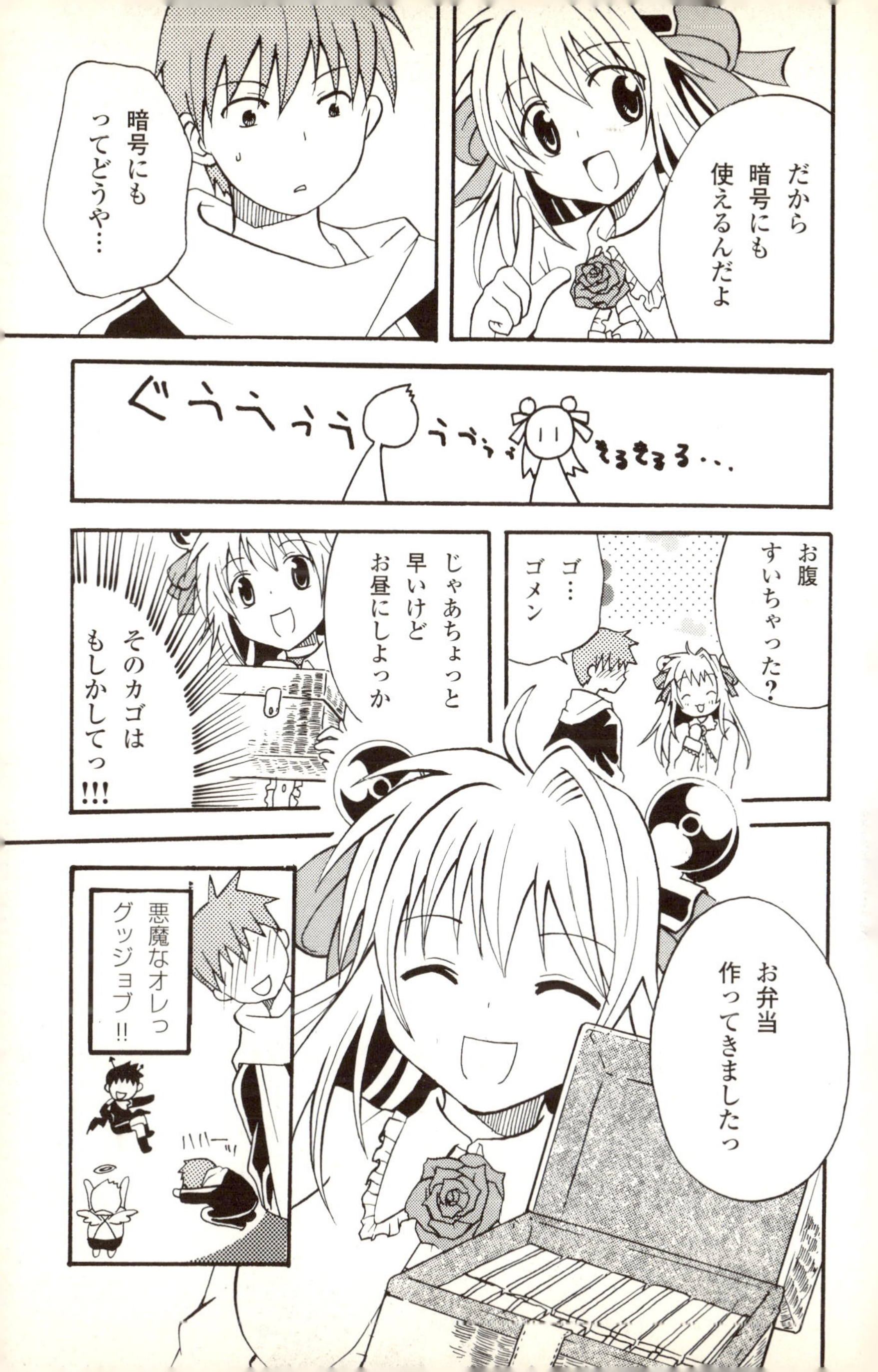
だから暗号にも使えるんだよ
暗号にもってどうや…
ぐううううう うづぅぅ きるきるる…
お腹すいちゃった？
ゴ…ゴメン
じゃあちょっと早いけどお昼にしよっか
そのカゴはもしかしてっ!!!
お弁当作ってきましたっ
悪魔なオレっグッジョブ!!
ハハーッ

シュレディンガーの猫

シュレディンガーの猫は、物理学者のエルヴィン・シュレディンガーが論文に登場させた架空の猫。

箱の中に猫と放射性物質と青酸カリを入れておく。一定の時間内に放射性物質が崩壊すると青酸カリが出て猫は死ぬ。放射性物質が崩壊しないと猫は生きている。放射性物質が崩壊するかどうかは、量子の不確定性により、確率的にしか決まらない。たとえば、その確率が50％だとしよう。すると、箱の中の猫が生きている確率は50％で、死んでいる確率が50％ということになる。

量子の確率は、観測により確定するまでは、「重ね合わせ」の状態にある。だとすると、箱の中の猫も生死の重ね合わせの状態にあるはずだから、半分生きていて、半分死んでいることになる！

そんなバカな！

実は、シュレディンガーは、宿敵のボーア陣営の物理学者たちが提唱していた「量子の確率解釈」に反対の立場をとっていたので、「もし、量子が確率の重ね合わせなどという奇妙なふるまいをするなら、幽霊みたいな猫がいることになるゾ」と、皮肉をこめて論文を書いたのだ。
現在では、量子はたしかに確率の重ね合わせになっているけれど、猫は大きすぎるし、体温が高すぎるので、量子のようなふるまいはしない、ということで決着がついている。
シュレディンガーは、実際に猫で実験をしたわけではない。動物虐待にはあたらないので、ご安心ください。

第10章

量子の暗号なら安心です

いっぱい
食べてね
これなら
左でも
食べやすい
でしょ？
パク
あいりちゃん
やさしいなぁ…
タマゴの
ほんわり感…
マヨネーズとの
コンビネーション
若干しんなりした
パン
まさに
美味

あいりちゃんって料理うまいんだねぇ
サンドウィッチだから誰でもできるよ～
いやいやこれメチャクチャうまいよ
よかった
ペロ
……
さっきの話だけど……
え？
ホラ量子が暗号とかなんとか
うん
暗号って基本はカギと錠前みたいなものでしょ？
暗号を作る人が錠前にカギをかけて…
ちゃんとしたカギを持ってる人があけられる…？
そうそう

そうやって暗号化されたヤツをちゃんとしたカギであけるのを「復号する」っていうの
「復号する」っていうのは元に戻すって意味ね
カギを持ってない人があけると
解読
暗号たって所詮《しょせん》人が作ったものだから
時間と手間と性能のいいコンピュータがあれば
どんな複雑な仕組みの暗号もいつかは解読されちゃう
ヘタしたら中身をいじられちゃうこともあるの
例えば
どこかの製薬会社がすごい新薬を開発して暗号で保管したとしても
!

そっか…産業スパイとかに解読されちゃったりデータを改ざんされるかも…
そういうこと
だからそんなときに量子を使った暗号があるとすごい画期的
量子を使うって…どんな仕組み？
シュークリームの皮といっしょ
え…えっと…つまりどういうこと？

シュークリームの皮って生地をオーブンに入れたら焼き上がるまでオーブンを開けちゃいけないの
もし開けちゃったらどうなるか知ってる？
知ってる知ってる
お袋が昔よく作ってた
あれって途中であけると膨らまなくなるんだよね
そうそう
それと同じなの量子暗号って
量子をオーブンに入れて焼き上がりまで待ってれば最後にちゃんとしたのができあがり——
つまり復号できるの

だけどもし
途中で
開けちゃったら…
…膨らまなく
なるんだから…
復号できなく
なる？
そう
だから誰かが
暗号をぬすもうと
してるコトが
わかったりするの
それに
量子ってね
〝だるまさんが
転んだ〟と
同じなの
……？
あれって
鬼が振り返って
見てみないと
他の子がどこで
どうしてるか
わかんないでしょ？

…それに鬼がズルして途中で振り向いたら
ダメ！やりなおしっ！ってなるよね
ズルーッ
…カギも？
量子の暗号も途中で見たら中身が変わるから
誰かが見たことがわかっちゃうし
カギを量子で作るから安心なの
うん
量子を見るときにね
どんな風に見るかでまたまた中身が変わっちゃうの
たとえば…
右目と左目のどっちか…でもいいよ

もし私が右目で量子を見て暗号を作ったら
受け取るユウキくんも右目で見てくれないと同じカギにならないの
でも…それだと簡単に解読されちゃうんじゃない？
暗号に使ってる文字数と同じ数くりかえしてカギにするの
左右右左左左…みたいに
や…ややこしい…
ん～…暗号文の文字一つひとつにカギをかけて
全体にもう一つのカギをかけて…ってかんじ

えっと
一万円札を
一枚ずつ
カギのかかる箱に
いれて…
それをまた
カギのかかる
金庫に
入れるって感じ？
そうそう
そういうかんじっ
ナイス
喩えな
ユウキくんには
ハムサンドを
さらに二個
プレゼントで～す

こ…これって前のデートのときみたいな…
あーんってやつですかっ
けどっ
も…もう恥ずかしがらないぞっ!!
い…
いただきま～…
ザザ・・
ビュゴ
ワッ
ベチャ
きゃっ
……

量子暗号のしくみ

量子暗号

測定により量子の状態が変わることを利用して開発されたのが「量子暗号」だ。これまでは、通信回路の途中で何者かが情報を盗み見たり改ざんしたりしてもわからなかったが、通信そのものを量子に担わせることができれば、途中で盗み見るだけで、量子の状態は影響を受けてしまうから、情報が盗まれたことがわかる。

通常の暗号では情報量の基本単位として「ビット」が使われる。これは、二進法の0と1の可能性を意味する。1ビットなら0か1のどちらかなのでイエスかノーしか伝えることができない。2ビットなら00、01、10、11の四種類の可能性がある。パソコンで文字パレットを開くと「コード表」が出てくる。あのコードは16進法になっているが、パソコンは、それを二進法に換算して情報処理を行っている。

ところが、量子暗号は、文字通り「量子状態」を使って情報処理を行う。その基本単位はビットではなく「キュービット」である。「キュー」は量子（quantum）の「qu」である（発音からいうと「クビット」でもいいように思われるが、なぜか「キュービット」である）。キュービットは0か1ではなく、「0から1までのあらゆる可能性」をとることができる。なぜなら、量子の状態は確率的にしか決まらないからだ。0である確率が20%で1である確率が80%のこともあれば、別の確率である可能性もある。なんだかわかりにくいが、キュービットは、ビットと比べて、恐ろしく情報量が大きいのだと考えていただければよい。

情報量少な！
キュービット
ビット

第11章

さよなら、あいりちゃん

あのさ
結局のところ
シュレディンガーは
あの猫の実験で
何がいいたかった
わけ？
猫の生き死には
半々でーすって
わけじゃないよね
……？
そうね……
いつもの
喩え話に
なるけど……
！
このカゴ
中には
こびとのパン屋さんが
いるのね
そのパン屋は
こだわりが自慢の
お店で
いい材料が
手に入らないと
作らないし
メニューも
タマゴサンドと
ハムサンドだけ

お客さんは
このフタを
あけるまで
中にどっちが
用意されたのか
わかんないの
メニューの
指定は
できないん
だね
うん
…でね
ある日こびとは
こう言ったの
今日は
たまたま
良い材料が
手に入りマシタ
タマゴとハムの
両方作ることが
できマス
…そうすると
このフタを
開けたときにある
サンドウィッチには
二つの可能性が
あるでしょ?

…タマゴか
…ハムか
だよね
私たちお客さんはフタを開ければどっちが用意されてるかわかるけど
フタを開けなくてもこのパン屋が作れるのはどっちかだけに決まってるっていうのはありえないでしょ
材料はあるわけだしね
どっちもアリ…だよね
猫の実験でもそういう〝どっちもアリ〟っていうのをいいたかったみたい
だけど

あの実験は猫が生きてるか死んでるかで考えちゃったの
そこがそもそも問題よね
え？ え？ え？ え
ホラ生き物で考えちゃうと結果を知らないのは人間だけで
実はもう最初から答え出てるじゃん？って話になるでしょ
あ…ああ
実はもう死んじゃってるけど見えないからわかんないだけだ…みたいな？
ああ
そうそう神様は知ってるんだよーって
量子があやふやでなんでもどっちもアリ……なんて話がシュレディンガーには受けつけられなかったんだろうね
だから猫の実験を考えた

「猫が生きてるのに死んでる状態なんてありえない」
「猫のモトの量子だって同じようにそんなことにはならない」
そう主張したの
だけど結局ハイゼンベルクの言ったようにあやふや～
じゃあさ猫の実験を実際にやると
どっちもアリってことになるの？
それはムリ
猫は目に見えないほど小さくないもん
それにそんな実験したら国によってはタイホよ
タイホ
あいりちゃんにならタイホされたいっ!!!

…そういえば
ユウキくん前に猫飼ってたって言ってたでしょ？
今も飼ってるの？
今は…飼ってないよ
一年前まで飼ってたんだけど…
死んじゃった

外に遊びに行って一晩帰ってこなくて
それで心配になって家族でさがしたんだ
冷たくはなってたけどまだカラダが柔らかくってさ
〜〜〜っ
やべっ泣きそう
ユウキくん

あいりちゃん…？
優しいね
ユウキくん
あいりちゃん……
オレなんかより
親父の方が
大変でさ
〝うわ～ん〟
って
泣くんだよ
わあああああああ
おかげで
びっくりして
泣くことも
忘れちゃったよ
じゃあ
それから
猫飼って
ないんだ？
うん

……オレさ
猫って
出逢いだと
思ってるんだ
……出逢い？
きっと一緒に
暮らす猫ってさ
お互い
生まれる前から
出逢う運命なんだ
だから
出逢うまで
待ってないと
……
そっか……

ポト
あ……
落ちたよ
私はね
ユウキくん
猫をただの
ペットじゃなくて
家族と
思ってくれる人が
いいな
Irene
頭の中でも
猫を殺すような
ことをする人は
イヤ
……
シュレディンガー
みたいに？
うん
だから
逃げて
きちゃった
え？

シュレディンガーの猫はね 生きてる状態と死んでる状態で存在する永遠より
大切な人と一緒に生きる一瞬を選んだの

たとえ
いつかは死んじゃう運命だったとしても
量子はどんなに遠く離れていても
世界のどこかでひっそりと絡み合ってる
だから
いつかきっと逢えるって信じて待ってた
ずっと……
ようやく逢えた……

あなたに逢えてよかった……
ご乗車お疲れさまでした
終点終点です
お忘れ物のございませんように——
え……？

夢……？
でも
じゃあ
あいりちゃんは……？
ポロッ
……傘
持ってきてねぇよ……
ザァアアア

エピローグ

彼女のいない世界

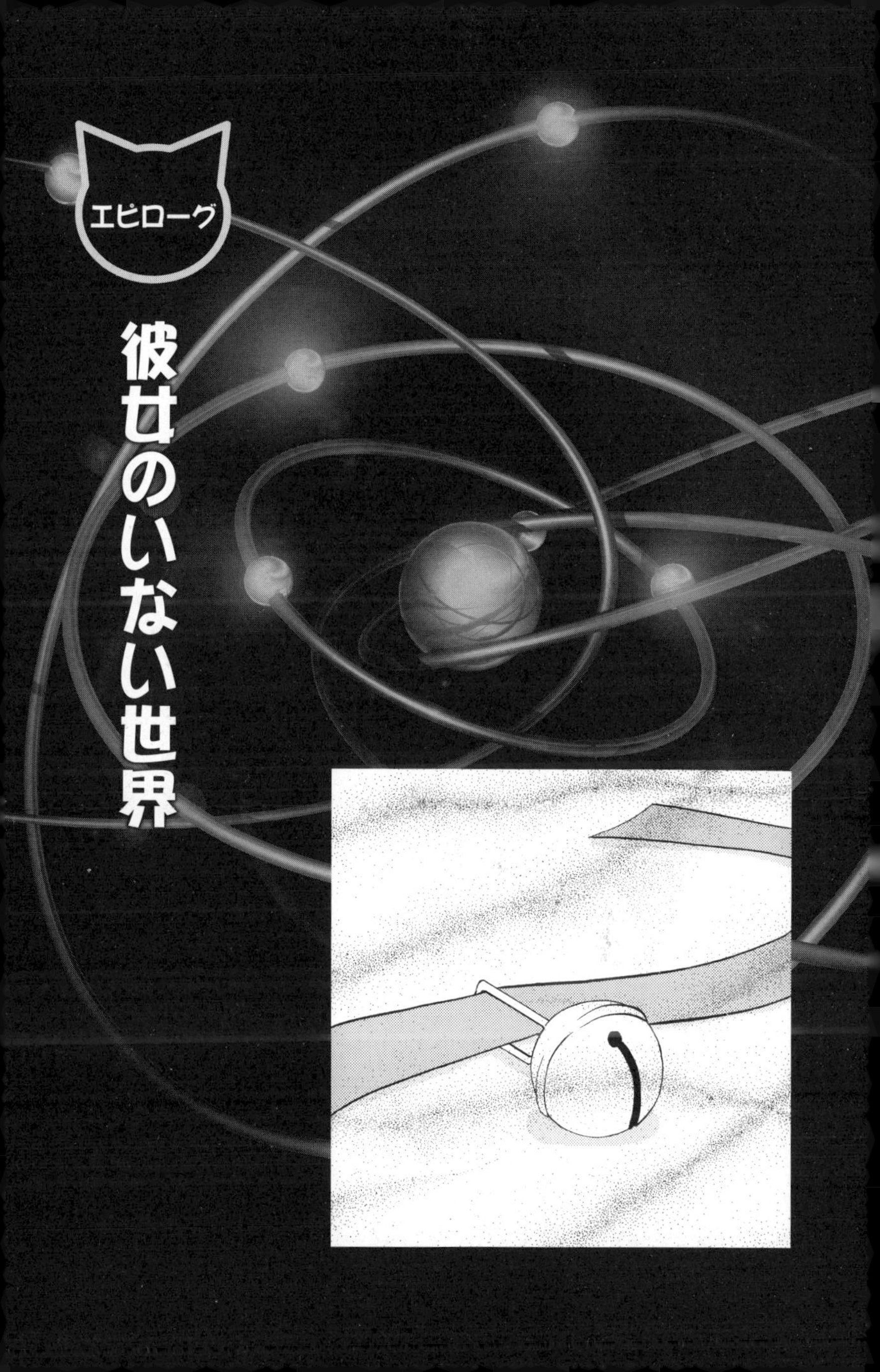

バシャ
うへ〜
天気予報はずれすぎだっつーの
ズボンきもちわりぃ
ガサッ
!
猫?
お前んなトコでちぢこまってたって濡れるだけだぞ
ビクッ

ブル
ただいまー
ユウくん傘もっていかなかったでしょ!? あぁもうビッチョリじゃない
オレはいいからこいつ拭いてやってよ
もぞ

あら猫チャンじゃないの
この子もこんなに濡れて…
捨て猫かしらねぇ？
知らね
公園の茂みで鳴いててさ
かわいそうに…
乾かしてあげるからあんたもおフロ入ってきなさい
へいへい
え
飼い猫？
そうそう

リボンしてたのよ
コレ
きっと迷子になったのね
…家出猫だよ
飼い猫じゃない
イレーネ……
Irene
シュレディンガーの箱から逃げ出してきた猫だよ……

数日後
飼い主さん見つからないわねぇ
近所の子じゃないのかしら
ウチで飼えばいいじゃん
猫飼うの初めてってわけじゃないんだしさ
こいつがウチに来たのは
きっと運命だったんだよ
ピンポーン
世界の片隅と片隅で絡み合っていた
いつか出逢うはずの運命の猫だったんだ
ユウくんっちょっと出てくれる？
あいりちゃんとの数日間はきっとこいつが見せた夢……
へいへい
ピンポーン

はーい
あのう……ポスター見て来たんですけど
迷子猫の……
リボンつけてたと思うんです
赤色で鈴ついてて
…そっか…ちゃんと飼い主いたんだな
箱から逃げてきたとか運命の猫とか…
バカみたいだオレ……
今……
開けます

ガチャ
一週間前に急にいなくなっちゃって……
いつか……
ずっとさがしてたんですよ――
いつか きっと逢える
そう信じて待ってた

ねえ
ユウキくん
…あ…
いり…ちゃん…？
ユウキ…くん？
あなたは
待っててくれた？
THE END

特別附録

素粒子早わかり

序文でも触れたが、二〇〇八年度のノーベル物理学賞は日本人のトリプル受賞となった。南部、小林、益川の三氏の専門は素粒子論だ。素粒子はすべて量子でもあるので、この附録では、素粒子の世界一短い解説をしようかと思う。

物質を分解していくと、分子になり、原子になり、最終的には素粒子になる。素粒子は、「森羅万象の素《もと》」なのだ。物質の素となる素粒子には12種類ある。6種類のクォークと6種類の電子の仲間だ。水素原子がどのような素粒子からできているかを図で確認してみてください。

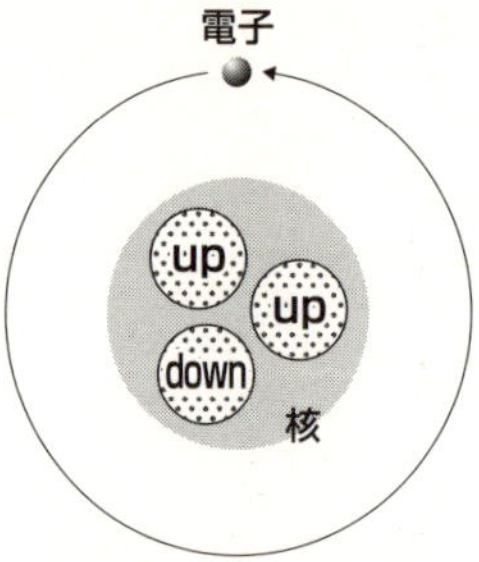

水素原子をバラバラにすると、真ん中の原子核とまわりを回る電子になる。
核は3つのクォークからできている。

このように、クォークの仲間は三つ集まって原子の核をつくり、そのまわりを電子の仲間が回っている。6種類のクォークには面白い名前がついている。アップ、ダウン、チャーム、ストレンジ、トップ、ボトムてな具合だ（トップとボトムは女性のビキニの上下だという説があるが定かでない）。
ちなみに、クォークというのは、文豪ジェイムズ・ジョイスの作品に出てくる鳥の鳴き声からとられたもので、高尚な洒落《しゃれ》らしいが、それ以上の意味はない。クォークが6種類あることは、一九七三年に小林・益川理論により予言され、今では正しいことがわかっている（だからノーベル物理学賞を取ったわけだ！）。
電子の仲間は、電子、ミュー粒子、タウ粒子と、三つのニュートリノがある。ニュートリノは、日本語では「中性微粒子」。電荷をもたず中性で、とても軽い粒子、という意味である。ニュートリノの観測では、小柴昌《まさ》俊《とし》さんが二〇〇二年度のノーベル物理学賞を受賞した。ニュートリノは物質をつくっている「部品」ではないが、部品が壊れたときに飛び出してくる奇妙な素粒子だ。

素粒子一覧表

・原子核などをつくる素粒子（クォーク）　重い！

①アップ
②ダウン
③チャーム
④ストレンジ
⑤トップ
⑥ボトム

・電子の仲間の素粒子　軽い！

①電子
②電子ニュートリノ ← 中性で小さい
③ミュー
④ミュー・ニュートリノ ←
⑤タウ
⑥タウ・ニュートリノ ←

ただし、この12種類だけだと、物質はできない。ちょうどレンガだけで漆喰《しっくい》がないと建物が建たないのと同じである。素粒子どうしを糊《のり》付けしたり、素粒子どうしに力を伝えるのが専門の素粒子が４種類存在する。重力を伝える重力子、電気の力や磁力を伝える光子、三つのクォークを糊のように固めるグルーオン（＝訳すと糊粒子！）、それからニュートリノに力を伝えるウィークボソン（このうち重力子はあまりに小さいので見つかっていないが、他の三つは存在が確認されている）。

これで、ほぼ全部である。

元素の種類が100以上もあることを考えれば、たった12個＋４個しかないのだから、素粒子の種類を覚えるのはカンタンなのだ。

素粒子物理学者は、この12個＋４個の素粒子が、どんなふうに衝突したり壊れたりするのかを数式を使って研究する。素粒子が壊れると、エネルギーになってしまい、やがて、別の素粒子に変身したりする。計算はファインマン図（次ページ参照）という「絵」を使って行う（絵のパーツに数式をあてはめて、かけ算をしたり積分したりする）。

力を伝える素粒子

たとえば原子核をつくっている3つのクォークは、「のり」のような力を及ぼす素粒子グルーオンにより、固められている。

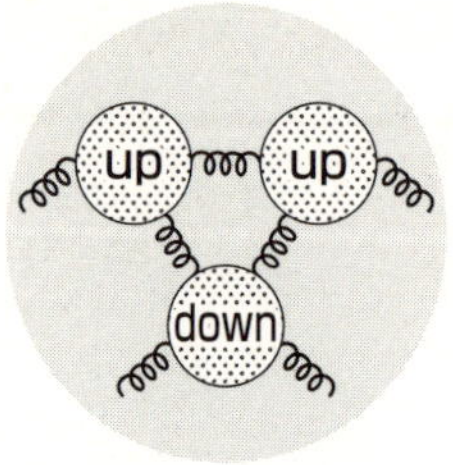

力を伝える素粒子
①光子
②グルーオン
③ウィークボソン
④重力子

なお、このほかに素粒子に「重さ」を与える特別な素粒子が存在すると考えられており、発案者の名前をとってヒッグス粒子と呼ばれている。ヒッグス粒子が重さをつくりだす複雑なメカニズムは、今回のノーベル賞を取った南部さんが提案していて、ヨーロッパのセルンの研究所にある、（東京の）山手線一周ほどの大きさの巨大実験設備で、おそらく、来年か再来年には発見されると期待されている（発見前に南部さんが受賞した理由は、他にも偉大な業績をたくさんあげているからである）。

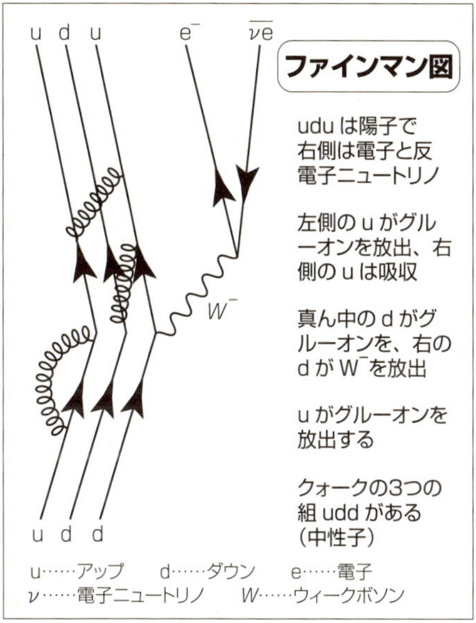
ファインマン図
u d u
e⁻
νe
udu は陽子で右側は電子と反電子ニュートリノ
左側の u がグルーオンを放出、右側の u は吸収
W⁻
真ん中の d がグルーオンを、右の d が W⁻を放出
u がグルーオンを放出する
クォークの3つの組 udd がある（中性子）
u d d
u……アップ　d……ダウン　e……電子
ν……電子ニュートリノ　W……ウィークボソン

駆け足で解説してしまったが、とにかく、ごく少数の素粒子だけで、物質やその性質がすべてつくられていること、クォークが6種類あることは小林・益川理論で予言されたこと、そして、まだみつかっていないヒッグス粒子が世界に「重さ」を与えるメカニズムを南部さんが提唱したこと、以上三点だけ頭に入れていただければと思います！

おわりに――ワカラナイことこそ面白い

最近、日本では科学の人気が凋落《ちょうらく》している。

正確無比だが、専門用語のオンパレードで、つまらない科学解説が横行しているのも一因だと思う。でも、つまらないこととワカラナイことはちがうはず。ワカラナイなりに「何か面白そうだ」という期待感があるから、人は文芸書を読み、哲学書をひもとき、数式とにらめっこをする。マンガを入り口にして、魔法のような科学の世界へ読者をいざなう。そんな狙いでマンガのシナリオを書いて、一年かけて本になった。

本書のシナリオは、竹内が語った物理学的な事実をもとに藤井かおりが小説を書き、それを松野時緒さんが見事な漫画にしてくれ、編集の前田眞宜さんが全体をまとめてくれた。二人三脚ならぬ四人五脚で本書はできた。

巻末に、量子と物理学のさらなる知的な冒険にでかけようという読者のために、読書案内をつけておいたので参考にしていただきたい。

また科学の世界のどこかで、お会いしましょう。最後まで読んでくださって、本当にありがとうございました！

二〇〇九年　一月　裏横浜の猫神亭にて　竹内薫・藤井かおり

読書案内――さらに量子と物理学について知りたい人のために

『クォーク　第二版』南部陽一郎（講談社ブルーバックス）

二〇〇八年度ノーベル物理学賞受賞者による素粒子論の解説。初版以来、十万部を超えるロングセラーとして、科学ファンに読み継がれてきた。

『鏡の中の物理学』朝永振一郎（講談社学術文庫）

鏡に映る自分の姿は、なぜ、左右は逆さになるのに上下は逆にならないのか？　表題のエッセイのほか、量子論にまつわる「ためになる」エッセイ集。

『ご冗談でしょう、ファインマンさん　上下』リチャード・P・ファインマン、大貫昌子訳（岩波現代文庫）

伝説の物理学者ファインマンの奇想天外な人生。腹を抱えて笑いながら、物理学の神髄に触れることができる。

『高校数学でわかるシュレディンガー方程式』竹内淳（講談社ブルーバックス）

題名のごとく、本来は大学でしか教わらない量子力学の基本方程式の敷居を低くして、高校数学で理解できるよう書かれた本。

『ゼロから学ぶ量子力学』竹内薫（講談社サイエンティフィク）

量子力学の「肝」に的を絞った副読本。

〈著者〉
竹内　薫（たけうち　かおる）
1960年東京生まれ。猫好き科学作家。東京大学理学部物理学科、マギル大学大学院修了。理学博士。メインの科学書執筆のほかに、テレビのコメンテーター、FMラジオのナビゲーター、数学番組の解説、新聞・雑誌のコラム執筆、講演など、科学の普及のために多彩な活動を繰り広げている。主な著書に『ゼロから学ぶ量子力学』（講談社）、『物質をめぐる冒険』（日本放送出版協会）、『宇宙の向こう側』（横山順一との共著、青土社）、『コマ大数学科特別集中講座』（ビートたけしとの共著、扶桑社）などがある。http://kaoru.to/
〈執筆協力〉
藤井　かおり（ふじい　かおり）
スポーツインストラクター（ヨガ＆低体力者および妊産婦の運動指導）と文筆業を両立させようと四苦八苦中。大の猫好きで、趣味の着物の帯や襦袢も猫柄。著書に、『脳をめぐる冒険』（竹内薫との共著、飛鳥新社）、『猫はカガクに恋をする？』（竹内薫との共著、インデックス・コミュニケーションズ）、『あやしい健康法』（竹内薫、徳永太との共著、宝島社新書）がある。
〈漫画〉
松野　時緒（まつの　ときお）
1983年生まれ。ＣＧクリエイター兼漫画家。マルチメディアアート学園卒。ウェブのカット、ＣＭ、番組などでＣＧ、イラストを多数手がける。チョコレートとカエル、実家の猫をこよなく愛しており、仕事部屋にはチョコレート専用ケース、カエルグッズ、実家の猫の写真が大量に存在している。

〔参考文献〕日経サイエンス（日経BP社）2004年４月号
〔参考WEBサイト〕ITpro（http://itpro.nikkeibp.co.jp/）
ウィキペディア（http://ja.wikipedia.org/）

ねこ耳少女の
量子論
萌える最新物理学

2009年２月23日　第１版第１刷発行

著　　者　竹内　薫
執筆協力　藤井かおり
漫　　画　松野時緒
発 行 者　江口克彦
発 行 所　ＰＨＰ研究所
東京本部　〒102-8331　千代田区三番町3番地10
コミック出版部　☎03-3239-6288（編集）
普及一部　☎03-3239-6233（販売）
京都本部　〒601-8411　京都市南区西九条北ノ内町11
PHP INTERFACE　http://www.php.co.jp/

組　　版　朝日メディアインターナショナル株式会社
印 刷 所　共同印刷株式会社
製 本 所

ISBN978-4-569-70560-6